Bibliographic information published by the German National Library:

The German National Library lists this publication in the National Bibliography; detailed bibliographic data are available on the Internet at http://dnb.dnb.de .

Imprint:

Print and binding: Books on Demand GmbH, Norderstedt Germany
ISBN: 9783668820111

This book at GRIN:

https://www.grin.com/document/443723

Kouassi Kan Théodore Yao

Diversité floristique et services écologiques de l'espace "Palmier" du campus de l'université Félix Houphouet-Boigny

GRIN Verlag

REPUBLIQUE DE COTE D'IVOIRE

Ministtère de l'enseigenment supérieur et de la recheche scientifique

LABORATOIRE DE BOTANIQUE

Année 2013-2014

MÉMOIRE

Présenté à l'UFR Biosciences pour obtenir le
DIPLÔME D'ÉTUDES DE MASTER DE BIODIVERSITE ET VALORISATION DES ECOSYSTEMES

Option : Systematique, Ecoloogie et Biodiversité Végétale

THEME :

DIVERSITE FLORISTIQUE ET SERVICES ECOLOGIQUES DE L'ESPACE « PALMIER » DU CAMPUS DE L'UNIVERSITE FELIX HOUPHOUET-BOIGNY, ABIDJAN

Par Yao Kouassi Kan Théodore

TABLE DES MATIÈRES

Titres **Pages**

LISTE DES FIGURES ET TABLEAUX

LISTE DES ABRÉVIATIONS ET ACRONYMES

AGB: Biomasse au-dessus du sol

CCUNCC: **C**onvention **C**adre des **N**ations **U**nies sur les **C**hangements **C**limatiques

CF : facteur de conversion

CNF : Centre **N**ational de **F**loristique

CO2 : Dioxyde de carbone

GtC : **G**iga **T**onne de **C**arbone

C_{Tot} : teneur en carbone dans la biomasse de tout l'arbre

DBH: Diamètre à hauteur de la poitrine

GES : Gaz à **E**ffet de **S**erre

GIEC : Groupe d'Experts Intergouvernemental sur l'évolution du Climat

IPCC : Panel Intergouvernetal pour la lutte contre les changements climatiques

PNUE : Programme des Nations Unies pour l'environnement

Ppm: Parties par million

SODEFOR : Société d'état pour le développement des plantations forestières

SODEXAM : Société de Développement et d'Exploitation Aéroportuaire, Aéronautiqueet

UFHB : Université **F**elix **H**ouphouët-**B**oigny

INTRODUCTION

Le dioxyde de carbone (CO_2), principal gaz à effet de serre, contribue à hauteur de 75 p.c au réchauffement de la planète. Sa teneur dans l'atmosphère est actuellement de 380 ppm (Ramade, 2003) et ne cesse d'augmenter depuis la révolution industrielle (Année, 1750). Selon l'agence internationale de l'énergie, le taux de CO_2 dans l'atmosphère va augmenter de 130 p.c à l'orée 2050, ce qui aura pour conséquence un réchauffement climatique plus important.

Ce réchauffement climatique a été traité au protocole de Kyoto (Ravindramath *et al.*, 1997). Ce protocole reconnaît que les forêts devraient être le meilleur puits de carbone pour stocker le CO_2 se trouvant dans l'atmosphère (Ross, 2000 ; Alamgir *et al.*, 2008). En Outre, Jana *et al.* (2009) ont signalé que l'augmentation de la concentration de CO_2 dans l'atmosphère stimule le taux de photosynthèse des arbres et peut occasionner une augmentation des taux de croissance et de production de la biomasse.

Les forêts tropicales qui couvrent environ 15 p.c de la surface terrestre et qui contiennent 50 p.c de stocks de carbone à l'échelle global (Dixon *et al.*, 2010) subissent actuellement des fortes pressions liées aux activités anthropiques. On estime que leur déforestation et leur dégradation contribuent à hauteur de 20 p.c aux émissions des gaz à effet de serre responsable du réchauffement planétaire actuel (IPCC, 2007). Ces émissions sont estimées à 1,6 GtC autour des années 1990 (Achard *et al.,* 2007 ; Denman *et al.*, 2007)

En Côte ivoire, depuis les premiers temps de la colonie, l'économie ivoirienne repose sur l'exploitation des espaces forestiers et leur mise en valeur agricole. Elle a contribué à 30p.c de son PIB. Le « miracle économique » et sa stabilité politique en 1960 et le milieu des années 1980 s'identifie en faite au développement et à la consommation d'une rente provenant de l'exploitation des ressources forestières et arrive aujourd'hui à la fin d'un cycle qui correspond à l'épuisement graduel de cette rente forestière.

La surface de forêt dense, qui représentait 15 millions d'hectares au début du siècle et 12 millions à l'indépendance, n'était plus que de 6 millions d'hectares en 1975 et environ 2 millions et demi en 1990 soit un déboisement de 400.000 ha par an.

Ce n'est qu'a la fin des années 1980 que l'état ivoirien, soutenu par les bailleurs de fonds, s'est donné des moyens d'une véritable politique environnementale. La SODEFOR, l'outil principal de cette politique, à la mission d'assurer l'exécution des plans de développement de la production forestière et des industries connexes et de compenser la dégradation rapide des formations ligneuses par le reboisement de 300.000 hectares, à raison de 10000 hectares par an. Le bilan des opérations ont été jugé globalement positif bien que 80000 hectares ont été planté alors que le rythme de déboisement s'élevait à 400000 hectares par an (Leonard *et al.*, 2001 ; IBO *et al.*,2001).

C'est dans ce contexte de réhabilitation de cette rente forestière dégradée que s'inscrit l'édification de certain arboretum notamment celui situé au « palmier » de l'UFHB qui a fait l'objet d'étude dont le thème est **« Diversité floristique et services écologiques de l'espace «palmier» du campus de l'université Félix Houphouët-Boigny, Abidjan ».**

L'objectif général est d'évaluer la contribution de l'espace «palmier » dans la conservation de la biodiversité et dans la lutte contre le réchauffement climatique.

Plus spécifiquement, il s'agit de :

-déterminer la diversité floristique et la structure de l'espace « palmier » ;

-estimer la biomasse et le stock de carbone aérienne végétale arborescente ;

-évaluer les perceptions des étudiants sur quelques services écologiques du jardin.

PREMIÈRE PARTIE : GÉNÉRALITÉ

I-Zone d'étude

1.1-Situation géographique

Situé à l'Université Félix Houphouët Boigny (figure1), le « palmier » est un espace caractérisé par une formation végétale artificielle composée essentiellement d'espèces ligneuses. Il s'agit d'un espace vert aménagé pour les étudiants des cités universitaires campus I et II. Cet arboretum est ceinturé par une route bitumée et est subdivisé en des parcelles plus ou moins étendues. C'est un lieu reposant où les étudiants viennent se recréer, se restaurer ou étudier.

1.2-Facteurs abiotiques

1.2.1- Le climat

La région d'Abidjan se caractérise par une pluviométrie élevée et une température variant très peu au cours de l'année (Eldin, 1971).

Des données de températures et de précipitations mensuelles couvrant la période de 2002 à 2012 ont permis de tracer le diagramme ombrothermique de la ville d'Abidjan (Figure 2).

La moyenne des précipitations annuelles enregistrées sur cette période est de 1658,61 mm pour une température moyenne de 27,35°C. L'analyse du diagramme montre l'existence de quatre saisons (deux pluvieuses et deux sèches) dans la zone d'Abidjan comme décrit par Eldin (1971). La grande saison pluvieuse est centrée sur le mois d'octobre. Ces deux saisons humides sont séparées par une petite saison sèche qui s'étend d'août à septembre. La grande saison sèche couvre les mois de décembre, janvier et février. En définitif ses différentes saisons montre que la zone d'étude est sous l'influence d'un climat équatorial.

1.2.2-Géologie et Sol

La ville d'Abidjan est située sur un substratum géologique très varié. On note la présence de grès et de sable quelque fois argileux, de roches métamorphiques schisteuses et de roches du complexe volcano-sédimentaire (Perraud, 1971).

La pluviométrie élevée de cette région et la présence des forêts denses sont favorables au développement des sols ferralitiques fortement désaturés. Le groupe des sols remaniés est le plus fréquent (Guillaumet et Ajanohoun, 1971). Ces types de sols se caractérisent par la présence d'un horizon humifère peu épais et un horizon gravillonnaire peu développé.

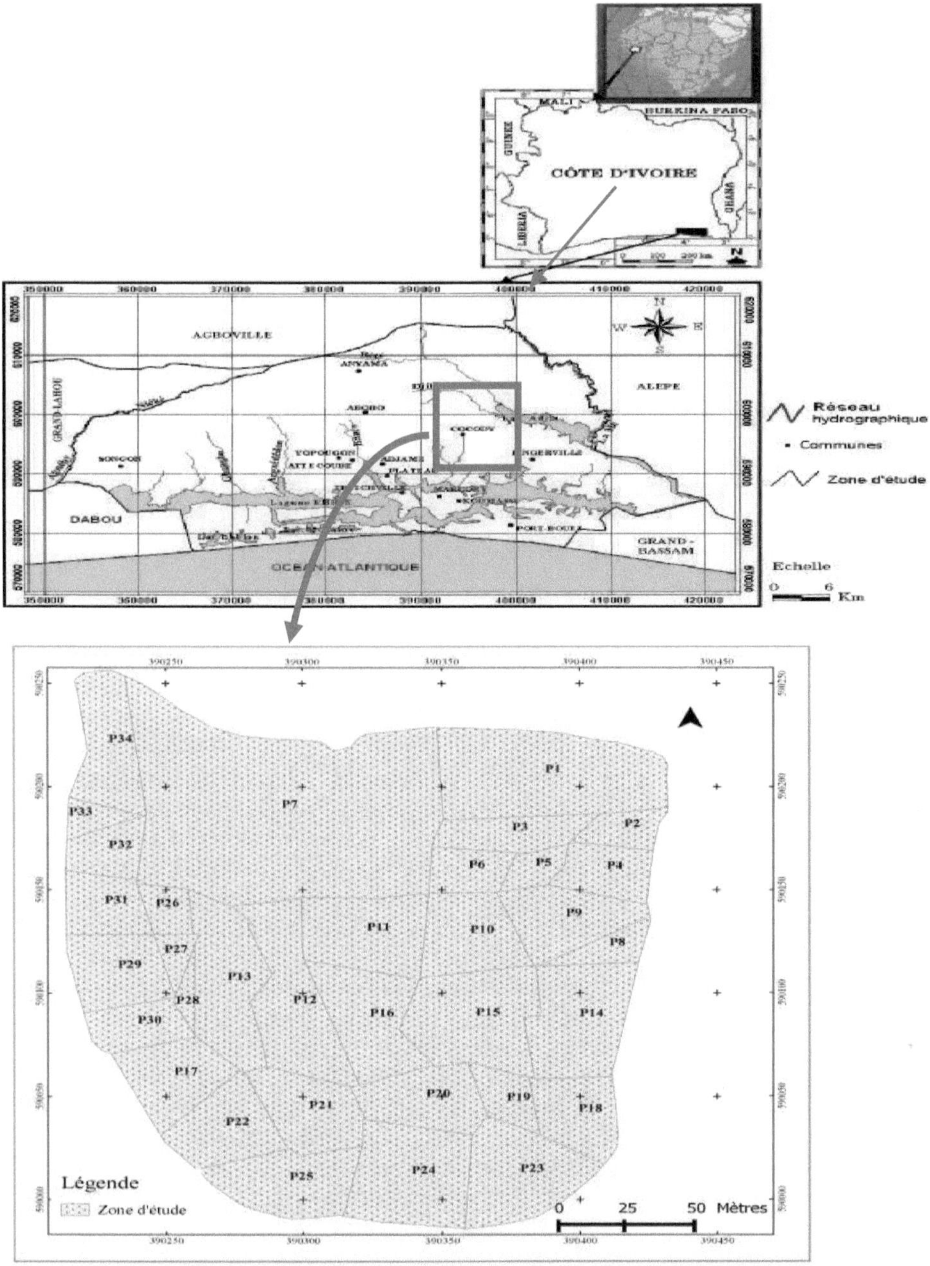

Figure 1 : Situation géographie de la zone d'étude au sud de l'UFHB, Abidjan

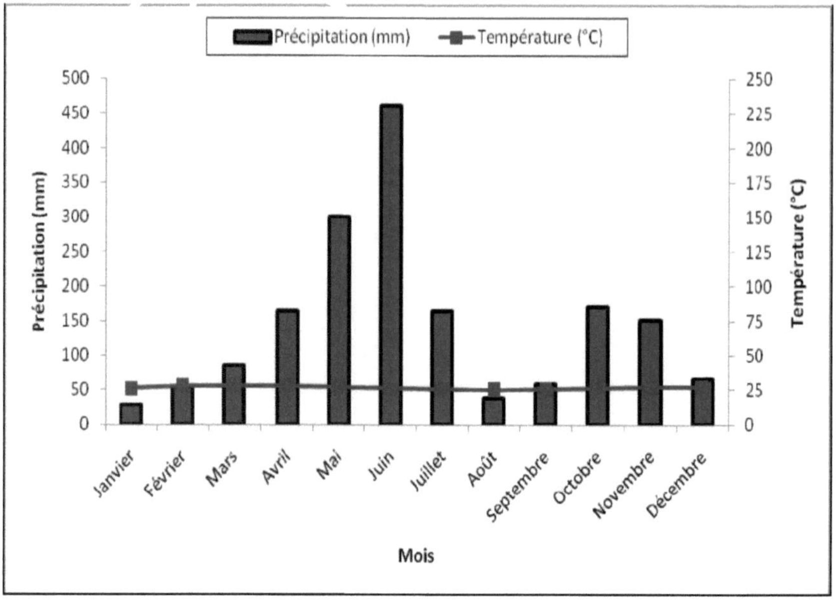

Figure 2: SODEXAM 2012 : Données météorologique de la ville d'Abidjan de 2002 à 2012. Non publié.

I.3-Facteur biotique

I.3.1 Végétation et flore

La ville d'Abidjan est située dans le secteur ombrophile du domaine guinéen. Elle était recouverte d'une forêt dense humide caractérisée par *Turraeanthus africanus* (Welw. Ex DC) Pellegr. (Meliaceae) et *Heisteria parvifolia* Sm. (Olacaceae) (Mangenot, 1955). Sous la pression anthropique telle que l'urbanisation, l'exploitation forestière et les différents défrichements agricoles, cette masse forestière n'est aujourd'hui représentée que par quelques lambeaux ou îlots forestiers. Le parc National du Banco avec ses 3000 hectares est certainement le plus important des îlots de forêts denses sempervirentes dans la région d'Abidjan (Guillaumet et Adjanohoun, 1971). Ces pressions anthropiques ont entrainé la raréfaction et la disparition d'un nombre important d'espèces végétales (Aké-assi, 1998). Heureusement, la plupart d'entre elles sont précieusement conservées au jardin botanique du CNF. En ce qui concerne l'espace «Palmier » il est constitué majoritairement d'espèces allochtones provenant de la sous région et d'autre pays du monde telles qu'*Eucalyptus degluta* (Myrtaceae), arbre sempervirent, appelée communément par les étudiants « arbre tréhi » issu de l'Australie et *Cedrela toona* (Méliaceae) qui est originaire de la chine, du Sud de l'inde, du Sud-est de l'Asie et du Nord de l'Australie. Ces espèces, généralement utilisés pour le reboisement, contribuent à la biodiversité végétale ivoirienne.

DEUXIÈME PARTIE : MATÉRIEL ET MÉTHODES

I-MATÉRIEL D'ÉTUDE

1.2- Matériel biologique

Le matériel biologique est constitué de l'ensemble d'espèces végétales rencontrées sur le site de l'espace « palmier » aux cours de ces travaux.

I.3- Matériel technique

Le matériel technique est constitué de:

-un ruban gradué pour mesurer les diamètres des arbres ;

-un appareil photographique pour la prise des photos

-un bloc note et un crayon pour la consignation des données collectées sur les espèces ;

-un GPS pour localiser les parcelles ;

-un outil informatique et des logiciels (Word, Excel, XLstat) ;

-Des papier journaux pour la constitution d'herbier.

II-MÉTHODES D'ÉTUDE

2.4- Collecte des données

Nous avons effectué un relevé de surface et un inventaire itinérant.

2.4.1- Relevés de surface

Le palmier lors de sa création a été subdivisé en 34 blocs. Au cours de cette étude ces blocs ont constitué des parcelles de relevés (Figure 1). C'est dans ces parcelles que le DBH des espèces arborescentes a été mesuré. Pour l'identification des espèces, l'organes aériens des espèces ont été récoltées et déposés au Centre National de Floristiques (CNF). Les espèces ont été déterminées avec l'aide d'un spécialiste Assi Yapo Jean et actualisé grâce aux livres du Professeur Aké-Assi.

2.4.2- Inventaire itinérant

Cette méthode nous a permis de collecter différentes espèces en parcourant chaque parcelle du palmier.

2.4.3-Enquête auprès des visiteurs du site

Une enquête a été menée pour appréhender la perception des visiteurs qui sont principalement des étudiants, sur des services écologiques que peuvent rendre le jardin. L'enquête s'est basée sur les raisons de leur présence, leurs connaissances globale d'un jardin botanique, leurs connaissances sur les plantes du jardin et leurs suggestions pour que le site soit plus fréquentable. Les résultats ont été consignés dans un tableau (Annexe 2).

2.5- Méthodes d'analyse des données

2.5.1- Analyse floristique

La richesse floristique d'une contrée est le nombre d'espèces recensées à l'intérieur des limites de celle-ci (Aké-Assi, 1984). Sa mesure consiste à faire le recensement de toutes les espèces présentes sur chaque parcelle sans tenir compte de leur abondance afin de les regrouper au sein d'une liste générale.

La composition floristique consiste à relever les caractéristiques de la flore étudiée. Il s'agit notamment de préciser : les familles, les genres, les types biologiques et les affinités chorologiques. Les travaux d'Aké-Assi (2001 ; 2002) ont servi de base à l'établissement de ces listes.

2.5.2-Indices de diversité floristique

2.5.2.1- Indice de diversité de Shannon (1948)

Il nous a permis de mesurer la composition en espèces d'un peuplement en combinant l'abondance relative des espèces et la richesse spécifique. La formule utilisée est :

$$H = -\sum_{i=1}^{S} pi \ln(pi)$$

H est l'indice de Shannon et **pi** représente le nombre d'espèces **(ni)** par rapport au nombre total d'espèces **(N) (pi=ni/N).**

Les valeurs de cet indice varient entre 0 et lnS, avec lnS dépassant rarement 5 (Felfili *et al.*, 2004). Lorsque le peuplement est composé d'une seule espèce, il est égal à 0. A l'opposé, pour une flore présentant une bonne diversité, il est égal à lnS. Dans ce cas, toutes les espèces en présence ont la même abondance.

2.5.2.2- Indice d'équitabilité

L'indice d'équitabilité correspond au rapport entre la diversité de Shannon obtenue et la diversité maximale lnS (W*ala et al.*, 2005). Sa formule est la suivante :

$$E = \frac{H}{lnS}$$

E représente l'indice d'équitabilité de Pielou, **H** indique l'indice de Shannon et **S** le nombre total d'espèce sur la parcelle.

Cet indice qui varie de 0 à 1 nous renseigne sur la répartition des espèces sur les parcelles. En effet, lorsqu'il tend vers 0, il décrit un phénomène de dominance d'une espèce sur les autres. Lorsque la répartition des individus entre les espèces est régulière, il tend vers 1. Le jardin étant un milieu artificiel, nous avons calculé ce paramètre pour voir l'équilibre de la répartition des espèces sur les parcelles.

2.5.2.3-Indice de valeur d'importance des espèces (IVI)

L'estimation de la diversité des plantes arborescentes s'est faite à l'aide des indices de valeur d'importance (IVI) (Cottam et Curtis, 1956). Cette mesure a été développée pour analyser les relevés hectares. L'Indice de Valeur d'Importance des espèces combine toutes les données recueillies sur le terrain concernant les espèces dont les individus ont un DBH $\geq$ 10 cm. Pour chaque espèce, il donne des informations sur le nombre d'individus, sur leur distribution sur le relevé ainsi que sur leur importance en fonction de l'aire basale. Cet indice permet de mettre en évidence les espèces les plus importantes. Il est la somme de trois facteurs représentatifs des valeurs biométriques quantitatives du relevé hectare (Nusbaumer, 2003):

- **Dr** : La dominance relative qui est représentative de l'aire basale de chaque espèce.

- **Gr** : La densité relative du peuplement qui est représentative du nombre d'individus de chaque espèce.

- **Fr** : La fréquence relative qui est représentative de la dispersion des individus sur le terrain **(ni/N)**. On appelle « fréquence d'une espèce » ou « nombre d'occurrence d'une espèce » le nombre de placettes dans laquelle l'espèce est présente.

Pour chaque espèce E, ces facteurs se calculent de la manière suivante :

$$\mathbf{Dr = Abi / \Sigma Abi \qquad Gr = Ni / \Sigma Ni \qquad Fr = Fi / \Sigma Fi}$$

Avec **Abi=** Aire basale de l'espèce **i, Ni=** Nombre d'individu de l'espèce **i** et **Fi=** Nombre d'occurrence de l'espèce **i.**

$$\mathbf{IVI = Dr + Gr + Fr}$$

Le plus souvent, les espèces à **IVI ≥ 10** sont celles écologiquement importantes (Reitsma, 1988).

2.5.2.4-Indice de valeur d'importance familiale (VIF)

L'estimation de la diversité des familles dont les représentants sont des individus arborescents s'est faite à l'aide de l'indice de Valeur d'Importance des Familles (VIF) (Mori *et al.*, 1983). Cet indice regroupe à lui seul toutes les informations recueillies sur le terrain concernant les familles dont les représentants ont un DBH ≥10 cm. Il donne des informations sur l'importance floristique de chaque famille par le nombre d'individus de la famille, sur le nombre d'espèces représentant la famille ainsi que sur l'importance quantitative des familles par le biais de leurs aires basales (ou surfaces terrières).

Cet indice se calcule pour chaque famille. Il est la somme de trois facteurs représentatifs des valeurs biométriques quantitatives du relevé hectare:

- **Dr** : La dominance relative qui est représentative de l'aire basale de chaque famille.
- **Gr** : La densité relative du peuplement qui est représentative du nombre d'individus de chaque famille
- **Nr** : La diversité relative qui est représentative du nombre d'espèce représentant la famille.

Pour une famille F, ces facteurs se calculent de la manière suivante:

$$\mathbf{Dr = Abi / \Sigma Abi \qquad Gr = Ni / \Sigma Ni \qquad Nr = Nef / \Sigma Ne}$$

Avec **Abi=** Aire basale de l'espèce **i, Ni=** Nombre d'individu de l'espèce **i** et **Nef=** Nombre d'espèce par famille et **Ne=** Nombre d'espèce total.

$$\mathbf{VIF = Dr + Gr + Nr}$$

2.5.3- Analyse de la structure démographique

Pour rendre compte de la structure démographique de l'espace du palmier, la densité et l'aire basale des individus recensés ont été calculées. La distribution des individus par classe de diamètre a été effectuée par la suite. Ces paramètres permettent de comparer la structure de l'espace du palmier à celle d'un milieu naturel.

La densité a été calculée pour chaque parcelle grâce à la formule ci-dessous :

$$d = \frac{n}{s}$$

Dans cette formule **n** représente le nombre de tiges recensées et **s** la surface totale d'observations évaluées en hectares.

L'aire basale traduit mieux l'occupation horizontale du sol par les espèces végétales. Pour l'estimer, nous avons d'abord transformé les valeurs de circonférence en diamètre. Ensuite, les valeurs obtenues ont été utilisées pour le calcul de l'aire basale grâce à la formule suivante :

$$S = \sum \left(\frac{\pi}{4} \times D^2\right)$$

S représente l'aire basale et **D** le diamètre de la tige.

Pour la structure démographique des peuplements des parcelles, les arbres inventoriés ont été regroupés en classe de diamètre.

2.5.4- Evaluation de la biomasse ligneuse

Pour l'estimation de la biomasse, plusieurs méthodes sont utilisées telles que les méthodes directes et indirectes. Dans cette étude, nous avons opté pour la méthode d'estimation à travers les équations allométriques de Chave *et al.,* (2004; 2005). Ces auteurs proposent une estimation de la biomasse en utilisant le diamètre des arbres, leur taille et leur densité de bois. Cette méthode est opposée à la méthode directe qui nécessite la coupe des arbres afin d'estimer la biomasse. Dans la méthode que nous avons retenue, deux modèles allométriques sont considérés conformément aux critères de DBH, de domaine climatique (pluviométrie annuelle comprise entre 1500 mm et 4000 mm) et de type de végétation pour déterminer la biomasse. Le modèle allométrique pris en compte dans le cadre de cette étude suit les critères suivants: la prise en compte de la densité spécifique du bois, le type de végétation ou de zone phytogéographique pour déterminer la biomasse.

Au niveau climatique, la pluviométrie doit être comprise entre 1500 et 4000 mm avec une saison sèche courte à nulle (Brown, 1997). Notre site d'étude ainsi que les données recueillies obéissent à ces critères.

La formule mathématique de cette équation est la suivante :

$$\mathbf{AGB = \rho \times exp(-1{,}499 + 2{,}1481\ ln\ (D) + 0{,}207\ (ln(D))^2 - 0{,}0281\ (ln(D))^3}$$

AGB = aboveground biomass ou biomasse épigée (kg) ; **D** = diamètre à hauteur de poitrine, 1,30 m au-dessus du sol (cm) ; **ρ** = densité spécifique anhydre du bois (g/cm^3).

Pour trouver les valeurs des densités spécifiques (ρ) des espèces ligneuses, nous avons eu comme référence (Reyes *et al.*, 1992). Pour les espèces dont les densités spécifiques ne sont pas connues, il est conseiller d'utiliser la valeur par défaut $\rho = 0{,}58\ g/cm^3$ (Brown, 1997).

Pour la détermination du stock de carbone, nous avons converti la biomasse selon les recommandations de l'IPCC (2003). Selon le protocole intergouvernemental sur le changement climatique (IPCC, 2003), la détermination du stock de carbone est égale à 50 p.c. de la biomasse totale.

2.5.7-Relations entre la biomasse, les indices floristiques et le nombre de visiteurs du jardin

Pour l'étude des relations entre la biomasse et les indices floristiques ainsi que le nombre de visiteurs du site, le coefficient de corrélation de Bravais Pearson (r) a été utilisé. La méthode consiste à étudier l'intensité de liaison qui peut exister entre deux variables. Avant la réalisation des tests, la normalité des données a été vérifiée à l'aide du *test de Shapiro.* Le niveau de significativité choisi pour ces analyses, est de 5 p.c. ($p = 0{,}05$).

Le coefficient de corrélation est compris entre -1 et +1. Plus le coefficient est proche des valeurs extrêmes -1 et 1, plus la corrélation entre les variables est forte. Le logiciel XLstat, version 2013, a été utilisé pour réaliser ce test. Ces tests ont permis de comprendre le choix des parcelles visitées.

TROISIÈME PARTIE : RESULTATS ET DISCUSSIONS

I- RESULTATS

I.1- Richesse floristique

L'inventaire des parcelles de l'espace palmier a permis de recenser 18 espèces ligneuses. Ces espèces se répartissent entre 16 genres regroupées au sein de 12 familles. Les Arecaceae sont les familles les mieux représentées avec 3 espèces soit 17 p.c. Elle est suivie des Combretaceae, des Fabaceae, des Myrtaceae et des Mimosaceae avec 2 espèces soit 11 p.c chacune. (Figure 3).

Au niveau des parcelles, cette richesse floristique varie de 1 espèce à 9 espèces. La parcelle P7 est la plus riche en nombre d'espèces alors que les parcelles P23 à P30 sont les plus pauvre constitué uniquement d'une seule espèce ; *Elaeis guineensis* (Arecaceae).

I.2- Composition floristique

I.2.1- Types biologiques

L'inventaire botanique des parcelles nous a permis de recenser 4 types biologiques dont 3 appartenant aux Phanérophytes : Mégaphanerophtyes (MP), Mésophanerophytes (mP) et Microphanerophytes (mp). Nous avons aussi identifié des épiphytes sur certaines Arecaceae. Le spectre biologique de l'ensemble des parcelles indique que les mégaphanerophytes (MP) représentent 49 p.c suivies des mésophanerophytes et des microphanerophytes avec respectivement 32 p.c et 15 p.c. (Figure 4).

I.2.2- Affinité chorologique des espèces

L'étude permet de mettre en évidence 4 types d'affinités chorologiques parmi lesquelles, les espèces introduites (I) sont les plus nombreuses avec 66,7 p.c. Les taxons appartenant à l'Afrique avoisinent les 32,3 p.c. Parmi ces taxons 22,3 p.c appartiennent à la région Guinéo-Congolaise (GC) parmi lesquelles *Ficus exasperata* (Moraceae) et *Albizia lebbeck* (Fabaceae) appartiennent aussi à la région soudano-zambéziennes (GC-SZ) (Figure 5).

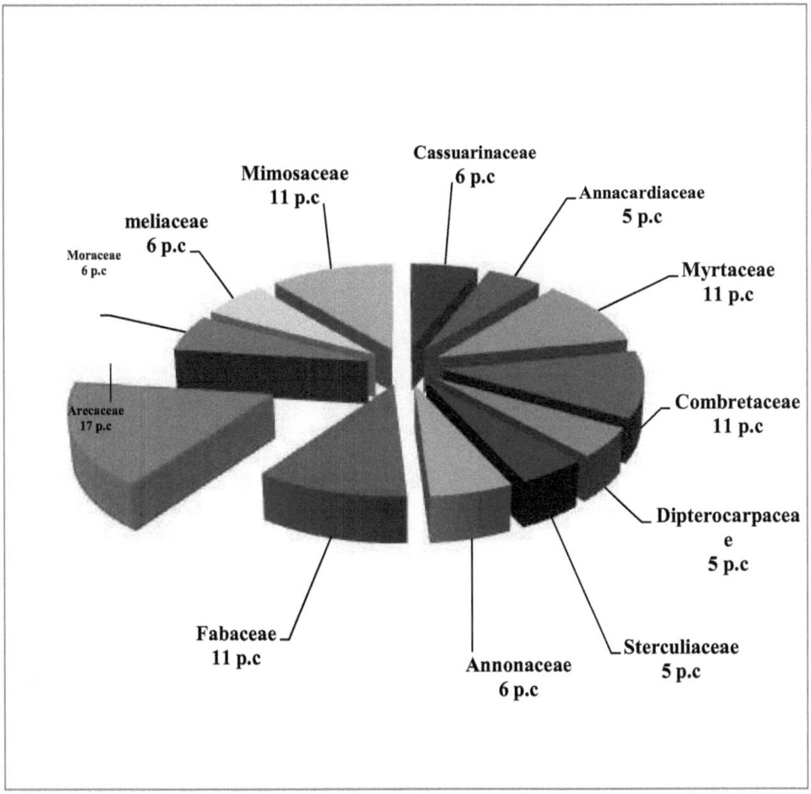

Figure 3: Spectre des familles des espèces recensées

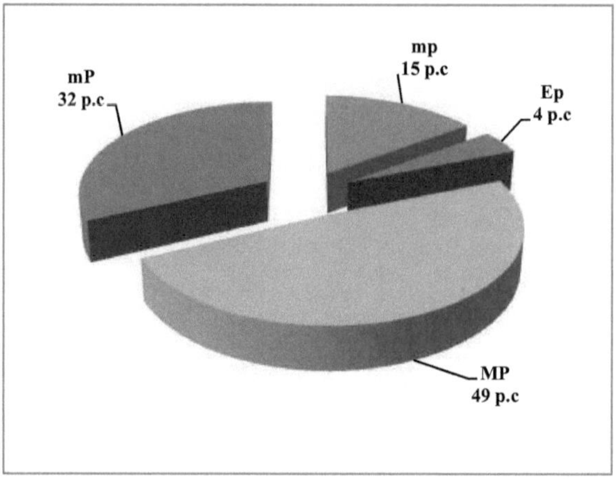

Figure 4: Spectre des types biologiques de l'ensemble des parcelles

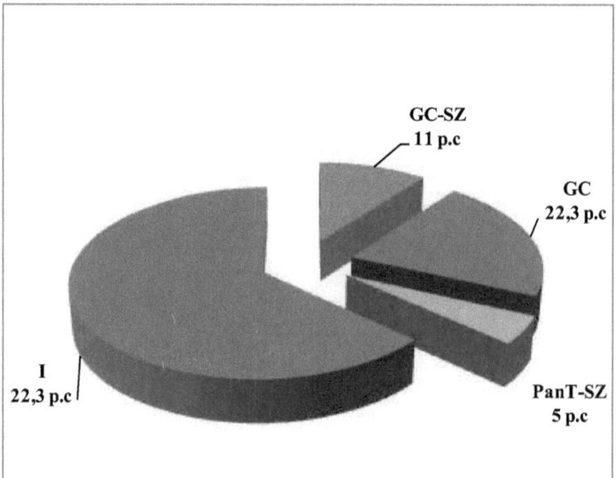

Figure 5: Spectre des affinités chorologiques de l'ensemble des parcelles

I.3- Diversité floristique

I.3.1- Diversité floristique des parcelles

L'indice de diversité (H) de Shannon pour l'ensemble de la zone d'étude est de 2,47. Les indices calculés pour les parcelles révèlent que leur diversité varie de 1,8 à 0. La parcelle la plus diversifiée est P17 avec un indice de 1,8. Ensuite vient les parcelles P20 et P24 avec des indices respectifs de 1,64 et 1,62. Les indices de diversité de 0 sont obtenus pour les parcelles P27 à P30.

L'indice d'équitabilité calculé tend vers 1 pour la parcelle P26 avec un indice de 0,99. Par contre au niveau des autres parcelles l'indice varie de 0,6 à 0.

L'espace palmier renferme 8 espèces qui ont un IVI $\geq$ 10 (Tableau I). Il s'agit dans l'ordre décroissant, de :

Elaeis guineensis (43,88) *Eucalyptus degluta* (36,90), *Hopea odorata* (23, 17), *Terminalia mantaly* (17,01), *Acacia mangium* (15,86), *Casuarina equisetifolia* (15,2), *Cedrela toona* (11,57) et *Polyalthia longifolia* (10,33).

En ce qui concerne les indices de valeur familiale, 8 familles ont un VIF supérieur à 10 : (Tableau II), Arecaceae (44,92), Myrtaceae (43,68), Dipterocarpaceae (23,17), Fabaceae (22,96), Combretaceae (17,71), Casuarinaceae (15,24), Meliaceae (11.57) et Annonaceae (10, 34).

Les Familles qui ont un VIF $\leq$ 10 sont au nombre de 4 soit 34 p.c de l'effectif total.

I.4- Structure démographique du peuplement

Le nombre d'individu recensé sur l'ensemble des parcelles est de 465 pour les 4 ha soit 116,25 tiges/ha. Les parcelles les plus denses sont P7 et P1 avec respectivement 13,75 et 11,75 tiges/ha. Les parcelles P5 et P33 sont les moins denses avec respectivement 0,5 et 0,75 tiges/ha. L'aire basale des individus recensés sur l'ensemble des parcelles donne 10,26 m^2 pour les 4 ha soit 2,7 m^2/ha. Au niveau des parcelles, elle varie de 0, 11 à 2,01 m^2/ha.

La répartition des individus par classe de diamètre révèle que les individus ayant un diamètre compris entre 40 et 50 cm sont les plus abondants (121 tiges). Ensuite vient les individus ayant un diamètre compris entre 30 et 40 cm avec un effectif de 86 tiges. La classe de diamètre la plus pauvre en tige est comprise entre 90 et 100 cm composé de 3 individus.

Dans l'arboretum la distribution des arbres par classe de diamètre montre une allure en « cloche » (Figure 4).

I.5- Estimation de la biomasse et du taux de carbone

I.5.1-Biomasse et taux de carbone par espèce

La biomasse totale du « palmier » a été estimée à 177,86 t/ha. Cela correspond à un stock de carbone de 88,93 t/ha. La contribution à cette biomasse totale de l'espèce *Eucalyptus deglupta* (Myrtaceae) et de *Hopea odorata* (Dipterocarpaceae) sont les plus considérable avec respectivement de 52,11 t/ha et de 31,84 t/ha pour des stocks de carbone respectifs de 26,05 t/ha et de 15,92 t/ha (Tableau III).

I.5.2-Estimation de la biomasse et du taux de carbone par famille

Les familles des Myrtaceae et des Dipterocarpaceae ont les biomasses les plus élevé avec respectivement 59,96 t/ha et 31,84 t/ha qui correspondent respectivement à un stock de carbone de 29,98 t/ha et de 15,92 t/ha (Tableau IV).

I.5.3-Perceptions des Étudiants sur les services écologiques du jardin

Pour connaitre les raisons de leurs présences nous avons mené une enquête auprès de 20 étudiants. Il faut dire que le site reçoit environ 200 visiteurs par jour.

Cette enquête a révélé que 50 p.c des étudiants viennent pour étudier et 15 p.c viennent pour prier. En ce qui concerne le choix du site, 55 p.c des étudiants viennent pour la fraicheur de l'air et l'ombrage que procurent les espèces ligneuses. Certes qu'il existe un restaurant beaucoup plus attrayant cependant il n'influence en rien la raison de leur présence sur le site car ceux qui viennent se restaurer sont généralement de passage. Il en ressort de cette enquête que la diversité floristique importe peu aux étudiants. En effet, hormis le palmier, le nombre d'espèce connu par les étudiants est de 3 espèces sur les 18 espèces ligneuses (Annexe 2).

I.6.1-Relations entre la biomasse, les indices floristiques, les paramètres structuraux et le nombre de visiteurs

Les coefficients de corrélation r qui sont de 0,85 entre la biomasse et la densité des individus

est de 0,90 entre la biomasse et l'air basale sont très proches de 1. Entre la biomasse et

Tableau I: Les indices de valeur d'importance d'espèces

Espèces	Dr (p.c)	Gr (p.c)	Fr (p.c)	IVI
Casuarina equisetifolia	4,34	10,79	0,10	15,2
Terminalia mantaly	10,12	6,83	0,06	17,01
Eucalyptus deglupta	20,45	16,30	0,15	36,90
Acacia mangium	6,52	9,25	0,08	15,86
Hopea odorata	12,72	10,35	0,09	23,17
Prosopsis africana	0,62	0,66	0,01	1,29
Polyalthia longifolia	1,89	8,37	0,08	10,33
Sterculia tragacantha	1,06	1,76	0,02	2,87
Samaneasaman	1,68	3,74	0,03	5,46
Eucalyptus globulus	2,78	3,96	0,04	6,78
Albizia lebbeck	3,38	3,74	0,03	7,11
Ficus exasperata	0,25	0,22	0,01	0,47
Mangifera indica	0,57	0,66	0,01	1,24
Elaeis quineensis	27,21	16,52	0,15	43,88
Terminalia catappa	0,26	0,44	0,01	0,70
Cedrela toona	6,01	5,51	0,05	11,57
Chrysolydocarpus lucubensis	0,14	0,66	0,01	0,81
Caryota mitis	0,01	0,22	0,01	0,23

Tableau II : Les indices des valeurs d'importances par famille

Familles	Dr (p.c)	Gr (p.c)	Fr (p.c)	VIF
1 Fabaceae	9,85	12,99	0,12	22,96
2 Mimosaceae	2,30	4,41	0,04	6,75
3 Combretaceae	10,38	7,27	0,068	17,71
4 Myrtaceae	23,23	20,26	0,18	43,68
5 Arecaceae	27,36	17,40	0,16	44,92
6 Casuarinaceae	4,34	10,79	0,10	15,24
7 Dipterocarpaceae	12,72	10,35	0,09	23,17
8 Annonaceae	1,89	8,37	0,08	10,34
9 Sterculiaceae	1,095	1,76	0,02	2,87
10 Moraceae	0,25	0,22	0,01	0,48
11 Anacardiaceae	0,57	0,66	0,01	1,24
12 Meliaceae	6,01	5,51	0,05	11,57

L'indice de Shannon le coefficient de corrélation est de 0,26. Il est de -0,19 entre la biomasse et l'indice d'equitabilité de Pielou.

La corrélation r de Pearson entre le nombre de visiteurs et la densité des tiges est de 0.64. Il est de 0,61 entre la biomasse et le nombre de visiteurs. Le coefficient r vaut 0,576 entre le nombre de visiteurs et l'aire basale. Le coefficient r vaut 0,536 entre le nombre d'individu et l'indice de Shannon (Tableau V).

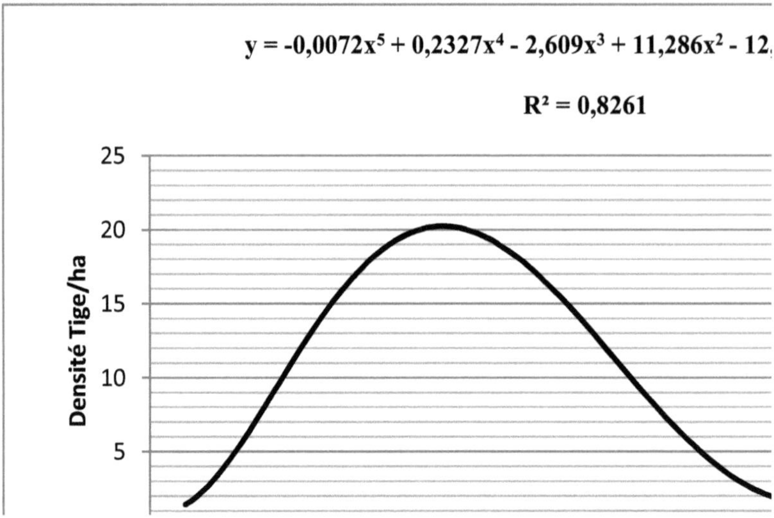

Figure 6 : Histogramme de la distribution des tiges en fonction des classes de diamètres sur l'ensemble de la zone d'étude

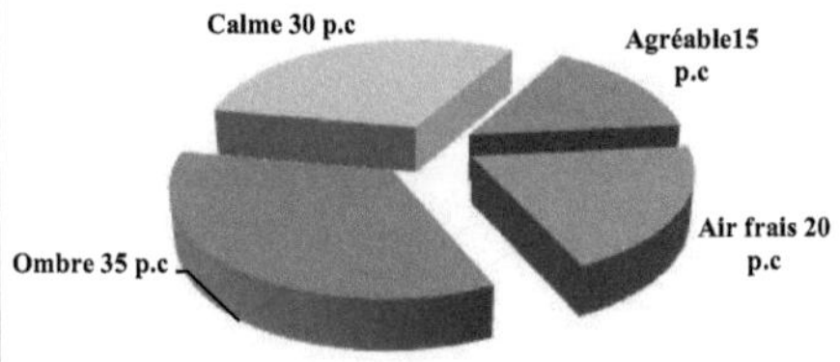

A: Les raisons du choix du site

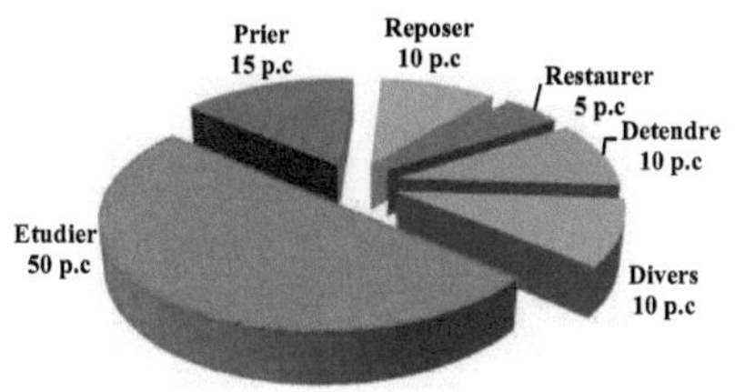

B: Les raisons de la presence des etudiants sur le site

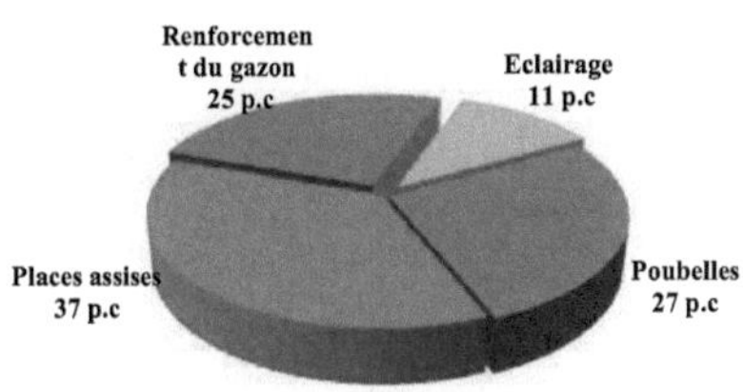

C: Les suggetions pour rendre le site plus frequentable

Figure 7 : Récapitulatifs des proportions des différentes réponses

Tableau III : Estimation de la biomasse et du taux de carbone par espèces

Espèces	Familles	Densités tige/ha	Biomasses(t/ha)	C(t/ha)
1 *Casuarina equisetifolia*	Cassuarinaceae	12,25	12,26	6,13
2 *Terminalia mantaly*	Combretaceae	8,00	25,58	12,79
3 *Eucalyptus degluta*	Myrtaceae	17,00	52,11	26,05
4 *Acacia mangium*	Fabaceae	10,25	11,94	5,98
5 *Hopea odorata*	Dipterocarpaceae	11,50	31,84	15,92
6 *Prosopsis africana*	Mimosaceae	0,75	2,24	1,12
7 *Polyalthia longifolia*	Annonaceae	9,50	2,98	1,49
8 *Sterculia tragacantha*	Sterculiaceae	2,00	2,30	1,15
9 *Samaneasaman*	Mimosaceae	4,00	3,31	1,65
10 *Eucalyptus globulus*	Myrtaceae	4,50	7,85	3,93
11 *Albizia lebbeck*	Fabaceae	4,00	7,98	3,98
12 *Ficus exasperata*	Moraceae	0,25	0,36	0,18
13 *Mangifera indica*	Anacardiaceae	0,75	1,21	0,61
14 *Terminalia catappa*	Combretaceae	0,50	0,42	0,21
15 *Cedrela toona*	Meliaceae	6,25	14,52	7,26
16 *Chrysolydocarpus lucubensis*	Arecaceae	0,75	0,97	0,49
17 *Caryota mitis*	Arecaceae	0,25	0,01	0,01
TOTAL	**12**		**177,86**	**88,93**

Tableau IV : Estimation de la biomasse et du taux de carbone par famille

Familles	Biomasses (t/ha)	C(t/ha)
1 Anacardiaceae	1,22	0,61
2 Annonaceae	2,98	1,49
3 Casuarinaceae	12,26	6,13
4 Combretaceae	26,00	13,00
5 Dipterocarpaceae	31,84	15,92
6 Fabaceae	19,92	9,96
7 Meliaceae	14,52	7,26
8 Mimosaceae	5,55	2,77
9 Moraceae	0,36	0,18
10 Myrtaceae	59,96	29,98
11 Sterculiaceae	2,30	1,15

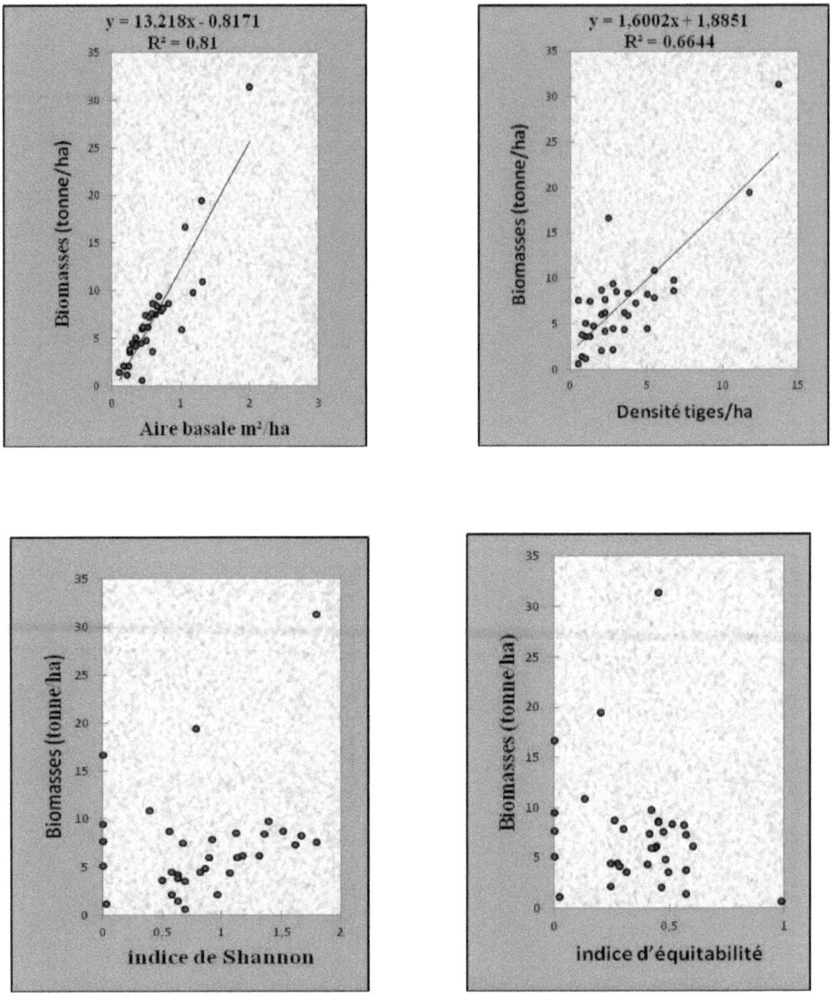

Figure 8 : Relation entre la biomasse végétale aérienne et les indices floristique

Ainsi que les paramètres structuraux.

Tableau V: Matrice de corrélation entre les différentes variables

Variables	Nombre de visiteur	Densité tiges/ha	Biomasse	Aire basale	indice de Shannon	indice d'équitabilité
Nombre de visiteur	**1**					
Densité tiges/ha	**0,641**	**1**				
Biomasse	**0,613**	**0,815**	**1**			
Aire basale	**0,576**	**0,819**	**0,900**	**1**		
indice de Shannon	**0,536**	**0,424**	0,263	0,311	**1**	
indice d'équitabilité	0,007	-0,066	-0,192	-0,115	**0,653**	**1**

(Les valeurs en gras sont différentes de 0 à un niveau de signification alpha=0,05)

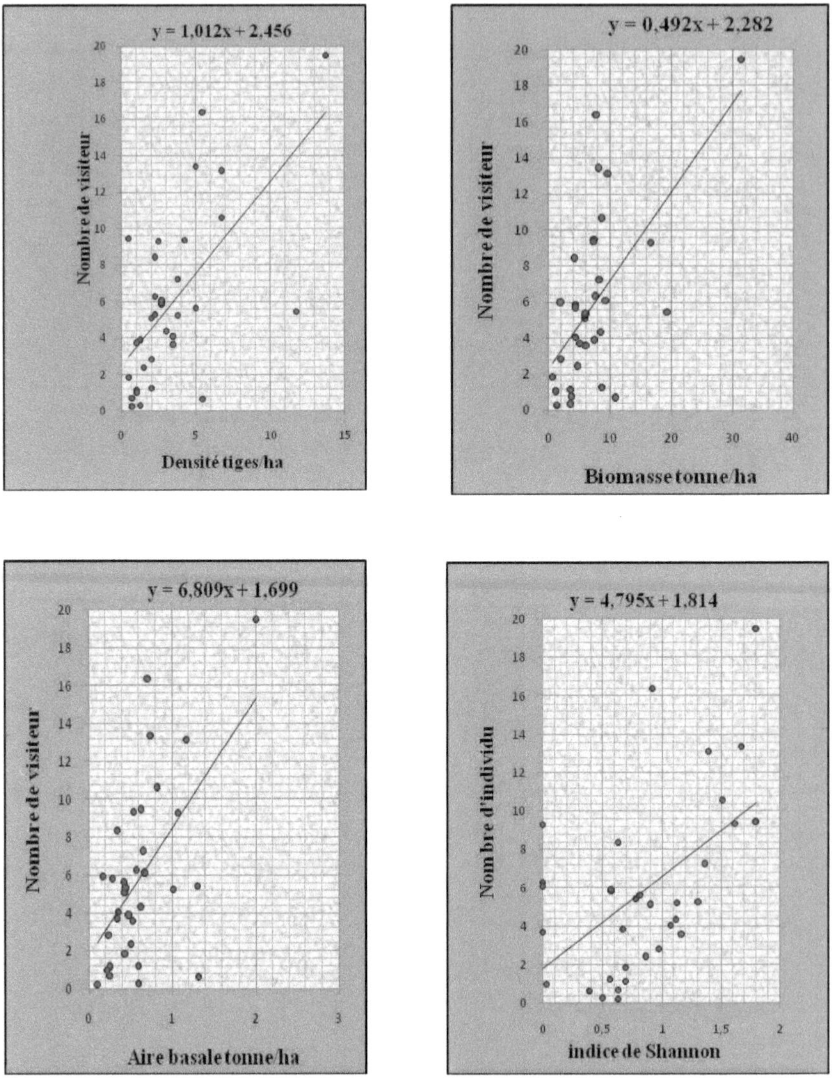

Figure 6 : Relation entre le nombre de visiteurs, les indices floristiques, la biomasse et les paramètres structuraux

3 : DISCUSSION

La richesse floristique de l'ensemble de la zone d'étude est estimée à 18 espèces sur une surface avoisinant les 4 ha (soit 4,5 espèces / ha). Cette valeur, convertie à l'hectare, est inferieure à celle du CNF qui est de 300 espèces, sur les 9,3 ha de l'arboretum (soit 32,26 espèces / ha), selon les travaux de Kassi (2001) et Kouamé (2013). De même en termes de richesse totale, le nombre d'espèces du site d'étude reste inférieur à celle du CNF. Cela s'explique par le faite qu'il y'a eu plus d'espèces introduites au CNF qu'a la zone d'étude. Aussi, sur ce site, il existe une jachère naturelle dont la richesse pourrait être importante. En ce qui concerne les parcelles, nous avons constaté que les plus grandes valeurs de richesse floristique sont observées sur les parcelles P7 et P20. Il s'agit des parcelles dont les superficies sont les plus grandes. Les parcelles qui ont les plus grandes superficies ont donc tendance à être les plus riches. . Le morcellement en parcelle de la zone d'étude est dû à l'action de l'homme par la construction des pistes à titre décoratif et aussi empêcher les étudiants de dégrader le couvert végétal.

L'analyse des types chorologiques indique que l'espace du palmier est essentiellement composé d'espèces introduites provenant des pays asiatique, d'Amérique tropical et des régions forestières de l'Afrique. Ces espèces introduites s'épanouissent dans les milieux tropicaux et humides où les conditions climatiques, écologiques et pédologiques sont favorables.

Les espèces observées sont utilisés par l'homme comme essence de reboisement conformément à la liste des espèces à valeur commerciale (Kouamé, 1998), et comme arbre d'avenue et d'ombrage. L'espace du palmier a donc été édifié en vue de contribuer au reboisement qui est une méthode de lutte contre la déforestation galopante. Egalement ces arbres ont un bon ombrage qui permet aux étudiants de trouver un endroit recréant.

Au niveau de l'abondance des espèces, l'indice de Shannon donne des valeurs faibles synonymes d'une instabilité de la flore. En effet selon Loubier (2001) lorsque la diversité est grande, les liens entre les différentes composantes de la biocénose sont complexes et rend stable le système par le fait de nombreuses interactions entre les différentes populations. Cette instabilité est due au morcellement de la zone d'étude par l'action de l'homme qui nettoie régulièrement l'espace du palmier. Cette instabilité aura pour conséquence la destruction de certains arbres par les intempéries telles que le vent. Les indices de diversité de 0 obtenus au niveau des parcelles P27 à P30 est dû au faite que sur ces parcelles l'on rencontre qu'une seule espèce. (*Elaeis guineensis*, Arecaceae).

L'indice d'équitabilité qui tend vers 1 pour la parcelle P26 (E = 0.99) signifie que la répartition des individus des espèces est faite de façon régulière sur cette parcelle et qu'il n'y a pas de dominance d'un groupe d'espèces par rapport aux autres. Par contre au niveau des autres parcelles l'indice varie de 0,6 à 0. Cela révèle un phénomène de dominance d'une espèce sur les autres (Exemple Elaeis guineensis pour P27 et P30).

Dans l'arboretum, 6 espèces possèdent une valeur écologique très importante. Ce sont *Elaeis guineensis* (43,88) *Eucalyptus deglupta* (36,90), *Hopea odorata* (23,17), *Terminalia mantaly* (17,01), *Acacia mangium* (15,86), *Casuarina equisetifolia* (15,2), *Cedrela toona*. De ce fait elles sont prépondérantes à la végétation et on les rencontre en grande population. Parmi ces espèces figure en tête *Elaeis guineensis*.

En ce qui concerne la structure démographique du peuplement, nous pouvons dire que les tiges dont les diamètres sont compris entre 40 et 50 cm sont les plus abondants. Cela révèle que l'espace du palmier est jeune. La densité et l'aire basale sont les plus élevés dans cet intervalle de diamètre du fait de son effectif qui est le plus élevé.

La biomasse aérienne par la méthode allométrique de charve et *al* (2004 ; 2005) qui tient compte de la circonférence et de la densité spécifique de chaque espèce n'est pas adaptée aux espèces de palmiers (Reyes et *al* 1992). Cependant une autre équation existe pour ces espèces de palmier. Nous l'aurions utilisée si les hauteurs avaient été prises en compte, lors de la récolte des données.

Il convient de signaler aussi que la biomasse souterraine n'a pas été mesurée dans cette étude mais elle peut être estimée à partir de travaux publiés. Dans huit études réalisées dans les forêts néo tropicales et dans le caraïbe examiné par Houghton *et al.* (2001), la biomasse racinaire est de 21,0 p.c en moyenne (intervalle de 13 à 34p.c) de la biomasse aérienne. En utilisant cette valeur moyenne, la biomasse des racines dans nos parcelles aurait été de 72 t/ha en moyenne, ce qui donnerait à ce site, une valeur totale de 249,86 t/ha. Nos résultats ont été confrontés à ceux issus de quelques travaux. Kouamé (2013) a estimé la biomasse du CNF à 379,24 t/ha. La biomasse du « palmier » est inférieure à cette valeur. Cette différence pourrait s'expliquer par le fait que le « palmier » est un espace reboisé, à faible densité constitué de 18 espèces tandis que l'arboretum du CNF comporte 118 espèces différentes (Kouamé, 2013). La biomasse obtenue pour l'espace palmier, est très largement inférieur à celui du parc naturel de Guadeloupe dont la valeur est de 422t/ha (Dorvil, 2010). Les forêts naturelles capteraient donc plus de carbone à l'hectare que les forêts urbaines moins denses.

Au niveau des espèces, *Eucalyptus deglupta* qui est une espèce typiquement australienne appelée couramment par les étudiants « arbre trehi », domine en biomasse (52,11 t/ha) que toutes les autres espèces. C'est un important arbre de reboisement pour les basses latitudes du globe terrestre. Les principales particularités qui motivent le thème d'Eucalyptus dans les reboisements sont les « pousses indéfinies » et les « bourgeons nus », caractères communs à toutes les espèces du genre Eucalyptus. Ces deux traits permettent aux pousses d'eucalyptus de s'accroitre sans interruption en hauteur ou en longueur et de produire de nouveaux ordres de branches, aussi longtemps que persistent des conditions favorables à la croissance (FAO, 1982). Sa contribution en termes de biomasse dans les affinités biologiques et chorologique confère respectivement aux mégaphanerophytes (MP) et aux espèces introduites (I) une dominance sur les autres groupes avec respectivement 131,90 t/ha et 162,01 t/ha.

L'étude de la corrélation entre la biomasse et les indices floristiques révèlent l'inexistence d'une relation significative entre la biomasse et les indices de diversité de Shannon et de Piélou. Cela signifie que la richesse floristique et la répartition des espèces dans le jardin étudié n'influence pas significativement la biomasse des espèces d'arbre. Il en ressort que les activités de reboisement peut être réalisable par culture d'une seule espèce ligneuse. Cependant le désavantage est que les monocultures sont instables par rapport aux hétérocultures ligneuses. En effet selon Loubier (2001) lorsque la diversité est grande, les liens entre les différentes composantes de la biocénose sont complexes et rend la stabilité du système par le fait de nombreux interactions entre les différentes populations.

La corrélation entre la biomasse, la densité et l'aire basal est fortement significative. C'est parce que la formule utilisée pour le calcul de la biomasse, est fonction du diamètre et donc de l'aire basale.

L'étude des relations entre le nombre de visiteurs, les indices floristiques et les structures du peuplement révèle l'existence d'une corrélation. La densité du peuplement du site d'étude est la plus corrélé avec le nombre de visiteurs fréquentant le site avec un indice de corrélation de 0,64. Cela révèle que la répartition des étudiants sur le site d'étude va se faire préférentiellement aux parcelles à forte densité et donc à fort ombrage. L'on comprend donc pourquoi la majorité des étudiants (35 p.c) expriment la raison de leur présence à l'ombrage. Ces étudiants sont à 75 p.c favorable à l'introduction de nouvelles espèces.

En définitif, nous pouvons dire que le « Palmier » ne joue pas un rôle écologique considérable au sein de la ville d'Abidjan par le fait que sa capacité de stockage de carbone qui est de 355,70t soit 88,96 t/ha est largement inferieur aux normes des forêt tropicales dont la capacité de stockage selon Lescuyer et Locatelli (1999) est environ 150 t/ha. Cependant il contribue à la réduction des gaz à effet de serre et procure des biens et services aux étudiants qui y vont pour étudier et se recréer.

CONCLUSION

L'inventaire de la diversité floristique de l'espace « palmier » nous a permis de mettre en place une base de données pour sa gestion efficiente. Ainsi, les espèces ont étés recensées pour les 34 parcelles. On note 18 espèces réparties en 16 genres et 12 familles. Les familles les plus importantes sont les Arecaceae, les Myrtaceae, Cassuarinaceae, Dipterocarpaceae et les Fabaceae.

Les arbres recensés ont été en majorité introduits. La flore de la zone d'étude est faiblement diversifiée avec une répartition irrégulière des espèces.

Les données floristiques à partir des critères de la richesse floristique, l'affinité chorologique, l'indice de Shannon et l'indice d'équitabilité nous a permis d'établir un tableau des potentialités floristique des parcelles du jardin. Ce tableau indique que les parcelles P17, P20 et P24 possèdent une flore beaucoup plus riche et diversifiée que celle des autres parcelles.

Dans cette étude nous avons aussi évalué la biomasse aérienne du « palmier ». Cet arboretum occupant une superficie d'environ 4 hectares contient une biomasse de 711, 44 t et séquestre 355,70 t de carbone. Il faut noter que cette estimation a été effectuée en utilisant les équations allométriques de Charve et *al* (2004 ; 2005) qui prend en compte les diamètres des arbres et la densité spécifique par espèce.

Cette étude nous a permis de comprendre la répartition des étudiants sur le site d'étude qui se faire préférentiellement dans les parcelles à forte densité et donc à fort ombrage.

Perspectives

Afin de rendre le « palmier » plus agréable ou plus attractif nous suggérons:

- le reboisement des zones dégradées du « palmier » et l'étendre à tous le campus de Cocody ;

- Faire l'inventaire des herbacées du « palmier » pour connaître la diversité totale ;

-Valoriser les biens et services écosystémiques du « palmier ».

RÉFÉRENCES BIBLIOGRAPHIQUES

Achard F., DeFries R., Eva H., Hansen M., Mayaux P., Stibig H.J., 2007. Pan-tropical monitoring of deforestation. Environmental Research Letters, doi: 10.1088/1748-9326/2/4/045022 (11p).

Ake-Assi L, 2001. Flore de la Côte d'Ivoire : catalogue systématique biogéographique et écologie. Volume 1

Alamgi M. and Al-Amin M., 2008. Allometric models to estimate biomass organic carbon stock in forest vegetation. Journal of Forestry Research 19, 101–106.

Antin C.-M., 2009. Dynamique des peuplements forestiers tropicaux hétérogènes : variabilité inter et interspécifique de la croissance des arbres et trajectoires de développement en forêt dense humide sempervirente, dans les Ghâts occidentaux de l'Inde (Université de Montpelier), 202 p.

Boraud N. M., 1995. Etude floristique et phytosociologique de la jachère attenante du Jardin Botanique de Cocody. Mémoire de DEA de Botanique, UFR Biosciences, Université Cocody, Abidjan (Côte d'Ivoire), 58p.

Boulier J. et Simon L., 2010. Les forêts au secours de la planète : quel potentiel de stockage du carbone ? *L'Espace géographique,* 39 (4), pp. 309-324.

Brown S., 1997. Estimating biomass and biomass change of tropical forest: a primer. *FAO Forestry paper*, n°134, Rome, Italy, 55p.

Brown, S. et Lugo, A. E., 1992. Above ground biomass estimates for tropical moist forests

Caballe G., 1986. Sur la biologie des laines ligneuses en forêt gabonaise. Th. Dr. Etat, Univ. Montpellier II, France. 45p

Chave, J., Andalo, C., Brown, S., Cairns, M.A., Chambers, J.Q., Eamus, D., Fo¨lster, H., Fromard, F., Higuchi, N., Kira, T., Lescure, J.-P., Nelson, B.W., Ogawa, H., Puig, H.,

Riera, B. and Yamakura, T., 2005. Tree allometry and improved estimation of carbon stocks and balance in tropical forests. Oecologia 145, 87–99.

CIFOR., 2011. REDD tout simplement. Guide du CIFOR sur les Forêts, le changement climatique et REDD, 16 p.

CNF, 1998. Le CNF, un patrimoine national, voire mondial à sauvegarder. CNF, Université de Cocody, Abidjan (Côte d'Ivoire), 15 p. dans l'est de la Côte d'Ivoire. Thèse de Doctorat de l'Université de Cocody, 197 p.

Daot J et Petroff G, 1975. La carbonisation des bois tropicaux « essais de laboratoire et perspectives industrielles », (Niamey, Niger), 72 p.

dévitalisation, sur la croissance des essences principales de la forêt classée de Bossematié,

Ditsouga A.F, 2011. Estimation de la biomasse du sous-bois (Institut de recherche en écologie tropicale) de MASUKU, 15 p.

Dixon, R.K., Brown, S., Houghton, R.A., Solomon, A.M., Trexler, M.C. andWisniewski, J. 2010. Carbon pools and flux of global forest ecosystems. Science 263, 185–190.

Eldin M., 1971.- Le climat. *In* : Le Milieu Naturel de Côte d'Ivoire. Mémoire ORSTOM, n° 50. pp 73-108.

FAO, 2005. Évaluation des ressources forestières mondiales 2005. Progrès vers la gestion forestière durable, Rome, Italie, 14, n° 7, pp 1-40.

FAO, 2010. *Le deuxième rapport sur l'état des ressources phylogénétiques pour l'alimentation et l'agriculture dans le monde*. Rome. 432 p.

Felfili J. M., Silva Jùnior M. C., Sevilha A.C., Fagg C.W., Walter B. M. T., Nogueria P.E. et Rezende A. V., 2004.- Diversity, floristic and structural patterns of cerrado vegetation in central Brazil.*Plant Ecology*, 175: 37-46.

Hairiah K. et al., 2001. *Methods for sampling carbon stocks above and below ground*. ASB lecture note n°4B, ICRAF, Bogor, 32 p.

Herold M, et Román-Cuesta R.M., 2011. -Examen des méthodes de mesure et de suivi des émissions historiques de carbone causées par la dégradation des forêts, 23 p.

IPCC, 2003: Good Practice Guidance for Land Use, Land-Use Change and Forestry. Institute for Global Environmental Strategies (IGES), Hayama, Japan, ISBN 4-88788-003-0.

Kabulu D. J., 2008.- Analyse de la structure spatiale de des forêts au Katanga (R D Congo), 18 p.

Kassi N.J.K, 2001. -Etude descriptive de quelques Angiospermes ligneuses ivoiriennes du Jardin Botanique du Centre National de Floristique de l'Université de Cocody-Abidjan (Côte d'Ivoire). Mémoire de DEA UFR-Biosciences, 93 p.

Kouadio K., 2007. -Etude de la flore, de la végétation et impact de l'éclaircie sélective, par dévitalisation, sur la croissance des essences principales de la forêt classée de Bossematié, dans l'est de la Côte Ivoire. Thèse de Doctorat de l'Université de cocody,UFR Biosciences, 197p.

Kouamé D., 2000. -Analyse des effets secondaires du braconnage sur la régénération desplantes à mode de dissémination zoochore dans le parc national de Taï, Côte d'Ivoire. Mémoire de DEA, Université de Cocody-Abidjan, 65 p. + annexe.

Kouamé D., 2009. -Rôle des animaux frugivores dans la régénération et la conservation des forêts classées : cas de l'éléphant (Loxodonta africanacyclotis Mztschié, 1900) dans le parc National d'Azagny (Sud-est de la Côte d'Ivoire). Thèse de Doctorat d'Université de Cocody-Abidjan, 215 p.

Kouamé N'. F., 1998. -Influence de l'exploitation forestière sur la végétation et la flore de la forêt classée du haut Sassandra (Centre ouest de la Côte d'Ivoire). Thèse de Doctorat 3ème cycle, UFR Biosciences, Université Cocody-Abidjan, 227 p.

Kouamé, 2013. -Diversité végétale estimation de la biomasse dans l'espace du palmier du Centre National Floristique (Abidjan, Côte Ivoire). Memoir de Master II. Université FHB ; Biosciences, 74 p.

Kpangui K.B, 2007. -Apport de systèmes d'informations géographiques à l'étude de la diversité spécifique de l'espace du palmier du Centre National de Floristique (Côte d'Ivoire). Mémoire de DEA, UFR-biosciences. 63 p.

Kurniatun H et al. 2001. -Methods for Sampling Carbone stocks above and below ground.ASB lecture note n°4B, ICRAF, Bogor, 32 p.

Lebamba J., 2009. -Relation pollen-végétation-climat actuel en Afrique centrale. Une approche numérique appliquée à la séquence Quaternaire du lac Barombi Mbo, Cameroun. Th. Univ. Montpellier II (France); 152p.

Leonard E et Ibo G.J, 1988. -Appropriation et gestion e la rente forestière de côte ivoire, 36p. Bof the Brazilian Amazon. *Interciencia,* n° 17: pp 8-18.

Lescuyer G. et Locatelli B., 1999. -Rôle et valeur des forêts tropicales dans le changement climatique *; Bois et Forêts des tropiques*, 1999, n° 260 (2) ; CIRAD- Terra, 133p.

Picard N. et Sylvie Gourlet-Fleury S., 2008. -MANUEL DE REFERENCE pour l'installation de dispositifs permanents en forêt de production dans le bassin du Congo, 262p.

Pherson G. E., 1998. -Atmospheric carbon dioxyde reduction by Sacremento's urban forest, *Journal of Arbiriculture,* 24(4): 215-223.

Ramade F, 2003. -Elements d'écologie, Dunod, 690 p.

Roland G, 2006. -Stockage de carbone dans la biomasse aérienne en forêt tropical humide Guyanaise, 26 p.

Shannon C.E., 1948. -A mathematical theory of communication. Bell Systemtechnical journal, 656p.

UNESCO, PNUE et la FAO, 1979. -Ecosystèmes forestiers tropicaux, p 252-265.

Wala K., Sinsin B., Guelly K. A., Koukou K. et Akpagana. K., 2005. -Typologie et structure des parcs agroforestiers dans la préfecture de Doufelegou (Togo). Sécheresse 16 (3) : 209-216.

Weldenson D, 2010. -Évaluation de la biomasse et des stocks de carbone sur des placettes forestières en forêts tropicales de Guadeloupe, 44 p.

Whithe F., 1981. -Carte de la végétation de l'Afrique. Echelle 1/5000000 Unesco, AETFAT et UNSO, 145p.

ANNEXE 1: LISTE GENERALES DES ESPÈCES RECENSÉES

N^0	Espèces	Familles	AfC	TB	P1	P2	P3	P4	P5	P6	P7	P8
1	*Acacia mangium* L.(Wild)	Fabaceae	I	MP	-	-	-	1	1	-	-	4
2	*Albizia lebbeck* L.(Wild)	Fabaceae	GC-SZ	mp	-	-	-	-	-	-	-	-
3	*Asystrasia calycina* Benth	Acanthaceae		EP	-	-	-	-	-	-	1	-
4	*Caryota mitis* Lour.	Arecaceae	I	mP	-	-	-	-	-	-	1	-
5	*Casuarina equisetifolia* Lour	Cassuarinaceae	I	MP	33	8	4	-	-	-	3	-
6	*Cedrela toona.* (Endl.) M. Roem	Méliaceae	I	MP	-	-	-	-	-	-	20	-
7	*Chrysalidocarpus lucubensis* Becc.	Arecaceae	I	MP	-	-	-	-	-	-	-	3
8	*Elaeis guineensis* Jacq.	Arecaceae	GC	mp	-	-	-	-	-	-	12	-
9	*Eucalyptus degluta* Blume	Myrtaceae	I	MP	10	3	4	4	2	2	7	7
10	*Eucalyptus globulus* Labill.	Myrtaceae	I	MP	-	-	-	-	-	-	-	-
11	*Ficus exasperata* Jose	Moraceae	GC-SZ	mP	-	-	-	-	-	-	-	-
12	*Hopea odorata* Roxb.	Dipterocarpaceae	I	MP	-	-	-	-	-	-	1	-
13	*Lannea nigritana* Keay	Anarcadiaceae		EP	-	-	-	-	-	-	-	-
14	*Mangifera indica* Lour.	Anacardiaceae	I	mP	-	-	-	-	-	-	-	-
15	*Nephrolepis biserrata* (Sw.) Schott	Dryopteridaceae		EP	-	-	-	-		-	-	-
16	*Phymathodes colopendria* Burm.	Polypodiaceae		EP	-	-	-	-	-	-	-	-
17	*Polyalthia longifolia* Sonn.	Annonaceae	GC	mP	-	-	-	-	-	-	-	-
18	*Prosopsis africana*.Taub.	Mimosaceae	ASZ	mP	-	-	-	-	-	-	-	8
19	*Samanea saman* (Jacq.) Merr	Mimosacesae	I	mP	-	-	-	-		-	-	1
20	*Sterculia tragacantha* Lindl.	sterculiaceae	GC	mP	-	-	-	-	-	-	5	-
21	*Terminalia catappa* Lour.	Combretaceae	I	MP	-	-	-	-	-	-	-	-
22	*Terminalia mantaly* H.Perrier	Combretaceae	I	mP	4	-	6	3	-	2	3	-

MP = Mégaphanérophyte mp = Microphanérophyte EP = Épiphytes AfC = Affinité chorologique

Mp = Mésophanérophytes I = Espèces introduites GC-SZ = Soudano-zambéziennes GC = Guinéo-Congolaise

N^0	**Espèces**	**Familles**	**AfC**	**TB**	**P9**	**P10**	**P11**	**P12**	**P13**	**P14**	**P15**	**P16**
1	*Acacia mangium* L.(Wild)	Fabaceae	I	MP	6	2	1	-	-	7	8	1
2	*Albizia lebbeck* L.(Wild)	Fabaceae	GC-SZ	mp	-	-	-	1	2	-	-	-
3	*Asystrasia calycina* Benth	Acanthaceae		EP	-	-	-	-	-	-	-	-
4	*Caryota mitis* Lour.	Arecaceae	I	mP	-	-	-	-	-	-	-	-
5	*Casuarina equisetifolia* Lour	Cassuarinaceae	I	MP	-	-	-	-	-	-	-	-
6	*Cedrela toona.* (Endl.) M. Roem	Méliaceae	I	MP	-	-	4	-	-	-	-	-
7	*Chrysalidocarpus lucubensis* Becc.	Arecaceae	I	MP	-	-	-	-	-	-	-	-
8	*Elaeis guineensis* Jacq.	Arecaceae	GC	mp	-	-	-	-	3	-	-	-
9	*Eucalyptus degluta* Blume	Myrtaceae	I	MP	14	5	-	-	-	3	4	6
10	*Eucalyptus globulus* Labill.	Myrtaceae	I	MP	-	-	-	-	-	1	1	-
11	*Ficus exasperata* Jose	Moraceae	GC-SZ	mP	-	-	1	1	-	-	-	-
12	*Hopea odorata* Roxb.	Dipterocarpaceae	I	MP	1	-	-	-	-	2	-	4
13	*Lannea nigritana* Keay	Anarcadiaceae		EP	-	-	-	-	-	-	-	-
14	*Mangifera indica* Lour.	Anacardiaceae	I	mP	-	-	-	-	-	-	-	-
15	*Nephrolepis biserrata* (Sw.) Schott	Dryopteridaceae		EP	-	-	-	-	-	-	-	-
16	*Phymathodes colopendria* Burm.	Polypodiaceae		EP	-	-	-	-	-	-	-	-
17	*Polyalthia longifolia* Sonn.	Annonaceae	GC	mP	-	-	-	-	-	3	2	-
18	*Prosopsis africana*.Taub.	Mimosaceae	ASZ	mP	-	-	-	-	-	-	-	-
19	*Samanea saman* (Jacq.) Merr	Mimosacesae	I	mP	-	-	-	-	-	11	-	-
20	*Sterculia tragacantha* Lindl.	sterculiaceae	GC	mP	1	1	-	-	-	-	-	-
21	*Terminalia catappa* Lour.	Combretaceae	I	MP	-	-	-	-	-	-	-	1
22	*Terminalia mantaly* H.Perrier	Combretaceae	I	mP	-	-	-	2	-	-	-	-

N^0	Espèces	Familles	AFC	TB	P17	P18	P19	P20	P21	P22	P23	P24
1	*Acacia mangium* L.(Wild)	Fabaceae	I	MP	-	-	-	-	-	3	-	4
2	*Albizia lebbeck* L.(Wild)	Fabaceae	GC-SZ	mp	-	-	-	3	2	7	-	1
3	*Asystrasia calycina* Benth	Acanthaceae		EP	-	-	-	-	-	-	-	-
4	*Caryota mitis* Lour.	Arecaceae	I	mP	-	-	-	-	-	-	-	-
5	*Casuarina equisetifolia* Lour	Cassuarinaceae	I	MP	-	-	-	-	-	-	-	-
6	*Cedrela toona.* (Endl.) M. Roem	Méliaceae	I	MP	-	-	-	1	-	-	-	-
7	*Chrysalidocarpus lucubensis* Becc.	Arecaceae	I	MP	-	-	-	-	-	-	-	-
8	*Elaeis guineensis* Jacq.	Arecaceae	GC	mp	6	-	-	-	-	-	-	-
9	*Eucalyptus degluta* Blume	Myrtaceae	I	MP	-	-	-	1	-	-	-	1
10	*Eucalyptus globulus* Labill.	Myrtaceae	I	MP	-	2	3	-	-	-	7	4
11	*Ficus exasperata* Jose	Moraceae	GC-SZ	mP	1	-	-	-	-	-	-	-
12	*Hopea odorata* Roxb.	Dipterocarpaceae	I	MP	-	12	-	7	3	3	-	5
13	*Lannea nigritana* Keay	Anarcadiaceae		EP	-	-	-	-	-	-	-	-
14	*Mangifera indica* Lour.	Anacardiaceae	I	mP	1	2	-	-	-	-	-	-
15	*Nephrolepis biserrata* (Sw.) Schott	Dryopteridaceae		EP	-	-	-	-	-	-	-	-
16	*Phymathodes colopendria* Burm.	Polypodiaceae		EP	-	-	-	-	-	-	-	-
17	*Polyalthia longifolia* Sonn.	Annonaceae	GC	mP	-	6	8	5	-	-	12	2
18	*Prosopsis africana.*Taub.	Mimosaceae	ASZ	mP	-	-	-	1	-	-	-	-
19	*Samanea saman* (Jacq.) Merr	Mimosacesae	I	mP	-	5	-	-	-	-	-	-
20	*Sterculia tragacantha* Lindl.	sterculiaceae	GC	mP	-	-	-	-	-	1	-	-
21	*Terminalia catappa* Lour.	Combretaceae	I	MP	-	-	-	-	-	-	-	-
22	*Terminalia mantaly* H.Perrier	Combretaceae	I	mP	2	-	-	2	3	1	1	-

*N*⁰	Espèces	Familles	AFC	TB	P25	P26	P27	P28	P29	P30	P31	P32	P33	P34
1	*Acacia mangium* L.(Wild)	Fabaceae	I	MP	3	-	-	-	-	-	2	1	2	3
2	*Albizia lebbeck* L.(Wild)	Fabaceae	GC-SZ	mp	-	-	-	-	-	-	-	-	-	-
3	*Asystrasia calycina* Benth	Acanthaceae		EP	-	-	-	-	-	-	-	-	-	-
4	*Caryota mitis* Lour.	Arecaceae	I	mP	-	-	-	-	-	-	-	-	-	-
5	*Casuarina equisetifolia* Lour	Cassuarinaceae	I	MP	-	-	-	-	-	-	-	-	-	-
6	*Cedrela toona. (*Endl.) M. Roem	Méliaceae	I	MP	-	-	-	-	-	-	-	-	-	-
7	*Chrysalidocarpus lucubensis* Becc.	Arecaceae	I	MP	-	-	-	-	-	-	-	-	-	-
8	*Elaeis guineensis* Jacq.	Arecaceae	GC	mp	-	-	10	4	9	11	6	4	1	19
9	*Eucalyptus degluta* Blume	Myrtaceae	I	MP	-	-	-	-	-	-	-	-	-	-
10	*Eucalyptus globulus* Labill.	Myrtaceae	I	MP	-	-	-	-	-	-	-	-	-	-
11	*Ficus exasperata* Jose	Moraceae	GC-SZ	mP	-	-	-	-	-	-	-	-	-	-
12	*Hopea odorata* Roxb.	Dipterocarpaceae	I	MP	6	-	-	-	-	-	-	-	-	-
13	*Lannea nigritana* Keay	Anarcadiaceae		EP	-	-	-	-	-	-	-	-	-	-
14	*Mangifera indica* Lour.	Anacardiaceae	I	mP	-	-	-	-	-	-	-	-	-	-
15	*Nephrolepis biserrata* (Sw.) Schott	Dryopteridaceae		EP	-	-	-	-	-	-	-	-	-	-
16	*Phymathodes colopendria* Burm.	Polypodiaceae		EP	-	-	-	-	-	-	-	-	-	-
17	*Polyalthia longifolia* Sonn.	Annonaceae	GC	mP	-	-	-	-	-	-	-	-	-	-
18	*Prosopsis africana*.Taub.	Mimosaceae	ASZ	mP	-	-	-	-	-	-	-	-	-	-
19	*Samanea saman* (Jacq.) Merr	Mimosacesae	I	mP	-	-	-	-	-	-	-	-	-	-
20	*Sterculia tragacantha* Lindl.	sterculiaceae	GC	mP	-	-	-	-	-	-	-	-	-	-
21	*Terminalia catappa* Lour.	Combretaceae	I	MP	-	1	-	-	-	-	-	-	-	-
22	*Terminalia mantaly* H.Perrier	Combretaceae	I	mP	-	1	-	-	-	-	-	-	-	-

ANNEXE 2 : Tableau récapitulatif des résultats de l'enquête

Noms	Sexes	Etudiants	Facultés	Raisons	Choix du site	C.jardin	Nombres	Introduction	Prix visite	SUGGESTION
KOSSA	F	OUI	ANGLAIS	ETUDIER	AFO	OUI	2	NON	NON	PRE
NELLY	F	OUI		ETUDIER	AFO	OUI	3	OUI	50 FCFA	PRE
ODILE	F	OUI	CBG	ETU.PRIER	AO	OUI	1	NON	50 FCFA	R
SORO	M	OUI	SC.ECO	ETUDIER	AO	OUI	2	OUI	NON	PR
JOSEPH	M	OUI	SOCIO	ETUDIER	T	OUI	4	OUI	NON	PE
EKRA	M	OUI	DROIT	ETU.RESTO	AO	OUI	2	OUI	NON	PR
SONIA	F	OUI	GEO	ETUDIER	AOT	OUI	1	NON	NON	PB
NORBERT	M	OUI	ANGLAIS	ETU.PR.RDV	RO	OUI	3	OUI	NON	PR
IBRAHIMA	M	OUI	L.MODERNE	ETU	OC	OUI	2	OUI	NON	PR
JOEL	M	OUI	LLC	ETU.REPOS	FO	OUI	1	OUI	NON	EB
DOUMBIA	M	OUI	ANGLAIS	ETUDIER	OC	OUI	2	OUI	NON	PR
ARMATOU	F	OUI	DROIT	ETU.DETEN	FOC	OUI	2	OUI	200 FCFA	PR
JEAN LUC	M	OUI	HISTOIRE	ETU.REP.DET	OC	OUI	2	OUI	100 FCFA	PR
SALIMATA	F	OUI	SC.ECO	ETU.TRESSER	FOC	OUI	4	OUI	50 FCFA	PRE
BRUNEL	M	OUI	GEO	ETUDIER	AFC	OUI	5	OUI	NON	PRE
SIMEON	M	OUI	GEO	ETUDIER	FC	OUI	3	OUI	NON	PR
DESTEUR	M	OUI	PSYCHOLOGI	ETUDIER	C	OUI	2	NON	100 FCFA	PRE
ELYSE	M	OUI	CBG	ETUDIER	OC	OUI	3	OUI	50 FCFA	PRE
ROGER	M	OUI	GEO	ETUDIER	FOC	OUI	1	OUI	50 FCFA	PR
BINTA	F	OUI	DROIT	ETU.REPOS	RFC	OUI	2	NON	NON	PR

REPOSANT	**R**
TRANQUILLE	**T**
AGREABLE	**A**
AIR FRAIS	**F**
OMBRE	**O**
CALME	**C**

PLACE ASSIS	**P**
R. GAZON	**R**
ECLAIRAGE	**E**
POUBELLE	**B**

Annexe 3: Quelques images de l'espace « palmier »

Groupe d'étudiant en train d'étudier

Un étudiant à l'ombre de *Polyalthia longifolia*

Le jardin est aussi un lieu de prière et de repos

Impact des intempéries sur l'arboretum dû à son instabilité

Eucalyptus deglupta **Blume (Myrtaceae)**

(Communément appelé par l'étudiant «bois tréhi »)